1分钟儿童小百科

猫咪小百科

介于童书 / 编著

江苏凤凰科学技术出版社 · 南京

图书在版编目（CIP）数据

猫咪小百科 / 介于童书编著 . — 南京：江苏凤凰
科学技术出版社, 2022.2
　　（1分钟儿童小百科）
　　ISBN 978-7-5713-2225-0

　　Ⅰ . ①猫… Ⅱ . ①介… Ⅲ . ①猫—儿童读物 Ⅳ .
①Q959.838-49

中国版本图书馆 CIP 数据核字 (2021) 第 164509 号

1分钟儿童小百科

猫咪小百科

编　　　著	介于童书	
责 任 编 辑	孙沛文	
责 任 校 对	仲　敏	
责 任 监 制	方　晨	

出 版 发 行	江苏凤凰科学技术出版社
出版社地址	南京市湖南路 1 号 A 楼，邮编：210009
出版社网址	http://www.pspress.cn
印　　　刷	文畅阁印刷有限公司

开　　　本	710 mm × 1 000 mm　　1/24
印　　　张	6
字　　　数	150 000
版　　　次	2022年2月第1版
印　　　次	2022年2月第1次印刷

标 准 书 号	ISBN 978-7-5713-2225-0
定　　　价	36.00元

图书如有印装质量问题，可随时向我社印务部调换。

前言

　　在现代社会，猫咪作为性情温顺、聪明活泼的动物，不论是防治鼠患还是家庭陪伴，一直都深受人们的喜爱，是全世界家庭中常见的宠物，有着"呆萌天使"的称号。人们还拍摄了很多关于猫咪的电影，如《小猫奇缘》《小猫虎子》《加菲猫》《猫咪物语》等。

　　《猫咪小百科》收录了世界上超人气的58种名猫，介绍了它们的特征、习性等，并穿插生动、有趣的小知识，配有高清的彩色图片，图文对照，便于辨认和欣赏，给孩子们带来全新的阅读体验，从而开阔他们的视野。

目录

长毛猫

佰曼猫 / 8

土耳其梵猫 / 10

安哥拉猫 / 12

缅因猫 / 14

布偶猫 / 16

巴厘猫 / 18

波斯猫

蓝色猫 / 22

豆沙色猫 / 24

金吉拉猫 / 26

红白猫 / 28

黑白猫 / 30

玳瑁色猫 / 32

红色虎斑猫 / 34

淡紫色虎斑猫 / 36

挪威森林猫

蓝白猫 / 40

银棕色猫 / 42

黑白猫 / 44

红白猫 / 46

棕色虎斑猫 / 48

西伯利亚猫

金色虎斑猫 / 52

黑色猫 / 54

索马里猫

深红猫 / 58

棕红色猫 / 60

栗色猫 / 62

短毛猫

俄罗斯蓝猫 / 66

曼赤肯猫 / 68

拉波猫 / 70

欧洲短毛猫 / 72

阿比西尼亚猫 / 74

柯尼斯卷毛猫 / 76

德文卷毛猫 / 78

彼得秃猫 / 80

苏格兰折耳猫 / 82

沙特尔猫 / 84

克拉特猫 / 86

新加坡猫 / 88

孟买猫 / 90

美国卷耳猫 / 92

异国短毛猫 / 94

美国短毛猫 / 96

加拿大无毛猫 / 98

奥西猫 / 100

埃及猫 / 102

雪鞋猫 / 104

孟加拉猫 / 106

暹罗猫 / 108

英国短毛猫

巧克力色猫 / 112

淡紫色猫 / 114

黑毛尖色猫 / 116

红毛尖色猫 / 118

银色斑点猫 / 120

肉桂色猫 / 122

东方短毛猫

外来蓝色猫 / 126

棕白色猫 / 128

棕色虎斑猫 / 130

巧克力色猫 / 132

缅甸猫

巧克力色猫 / 136

蓝色猫 / 138

互动小课堂 / 140

扫一扫 听一听

cháng máo māo

长 毛 猫

长毛猫是相对于短毛猫而言的，一般被毛长度在10厘米以上。茂密的被毛，甚至能让猫的体形扩大一倍。底层被毛较厚是猫体形扩大的主要原因。长毛猫在温暖的季节会大量脱毛，外观会发生较大的变化。常见的长毛猫有波斯猫、挪威森林猫、索马里猫等。

bó màn māo
伯曼猫

伯曼猫有大大的蓝色眼睛、巧克力色的鼻子、华丽的毛领圈和白色的"手套"。它体形长而粗壮，尾毛蓬松。伯曼猫喜欢在地上活动，喜爱玩耍，但不爱跳跃和攀爬，天气晴朗时它也会到庭院或花园里漫游、散步。伯曼猫性格温柔，感情丰富，喜欢和人为伴，和其他猫也能友好相处。

趣味小知识

1925年，伯曼猫在法国被确认。然而在第二次世界大战期间，全欧洲仅剩两只伯曼猫。

土耳其梵猫

土耳其梵猫的体形长而健壮，全身除了头、耳部和尾部有乳黄色或红褐色斑纹，其余部分被毛都是白色的，尾巴上隐约可见环纹。土耳其梵猫叫声甜美悦耳，喜欢玩耍、攀爬，是跳跃高手，喜欢在水中嬉戏。土耳其梵猫生性活泼、好动，个性较强，情感丰富，聪明而机敏，对人比较友善。

趣味小知识

土耳其梵猫是土耳其的国宝，数量很少，性格和狗相似，也被称为"猫模样的狗"。

安哥拉猫

ān gē lā māo
安哥拉猫

安哥拉猫头长而尖，眼睛是杏仁形的，耳朵大而直立，四条腿长而细，尾毛蓬松，有时尾巴能伸到后脑。安哥拉猫性格温顺，聪明伶俐，比较喜欢安静，和人比较亲近，不需要主人太过操心。同时，安哥拉猫也保持了猫类的独立性，喜欢自由，不喜欢被抱在怀里，不会对主人过度依赖。

趣味小知识

安哥拉猫是天生的运动员，喜欢爬高和戏水，会像狗狗一样接住主人抛出的小物体。

12

缅因猫
miǎn yīn māo

缅因猫的体形较大，捕鼠技能优秀。它的眼睛多呈绿色、金黄色或古铜色。有纯色、斑纹、双色、三色、玳瑁色等多种毛色，尾毛长而浓密，被毛浓密柔滑。缅因猫外表看起来很威猛，全身充满了野性美。它性情温顺，勇敢机灵，喜欢独处，善解人意。

趣味小知识

缅因猫喜欢在僻静的地方睡觉。它能发出小鸟般"唧唧"的轻叫声，很动听。

bù ǒu māo
布偶猫

布偶猫是现存体形较大、体重较重的猫之一。它的脑袋呈楔形,大眼睛圆圆的。四条腿较长且富有肉感。尾巴长,毛色有手套色或双色等。布偶猫在 1985 年、1986 年先后进入德国和法国,并在 2003 年引进到中国。布偶猫温顺、恬静,喜爱安静,对人友善,善于讨好主人,深受人们的喜爱。

趣味小知识

布偶猫美丽而优雅,和狗狗的性格很类似,所以也被称为"仙女猫""小狗猫"。

bā lí māo
巴厘猫

巴厘猫体形修长、苗条，脑袋呈楔形，蓝色的眼睛呈杏仁状，耳朵大，四条腿健壮。巴厘猫于1963年在美国首次被确认。巴厘猫聪明热情，性格活跃，好奇心较强，敏感，声音柔和，惹人喜爱，喜欢和人为伴，不喜欢独处，对主人非常忠心，是可爱而且忠诚的伴侣动物。

趣味小知识

人们从巴厘猫优美的体态和动作，联想到巴厘岛土著舞蹈演员的姿态，所以如此命名。

波斯猫

波斯猫动作优雅，相貌迷人，有"猫中王子""猫中王妃"的称号。在欧美地区，最早的波斯长毛猫是白色的。白色猫的眼睛颜色各有不同，有蓝色、橙色和鸳鸯眼。它们的大眼睛富有表现力，使人着迷，叫声圆润动听。波斯猫喜欢安全而宁静的环境，同时也热情，善解人意，爱撒娇，适合在公寓生活。

蓝色猫

蓝色波斯猫耳内的饰毛较多，两耳间距宽。四条腿短而粗壮，脚掌圆而大。被毛为蓝灰色。蓝色波斯猫的幼猫一般带有虎斑，斑纹明显的幼猫成长较好。蓝色波斯猫容易脱毛，而且腹部绒毛容易纠缠打结，滋生细菌，所以必须每天梳理，还要定期洗澡。

趣味小知识

据说维多利亚女王养过蓝色波斯猫，这种猫也因此获得了更大的知名度。

dòu shā sè māo
豆沙色猫

豆沙色波斯猫耳朵较小，耳朵饰毛多，有着古铜色的眼睛、粉红色的鼻子、漂亮的毛领圈和飘逸的尾毛。背部和侧腹部是主要的颜色区域，腿粗壮，被毛厚长、柔滑。它的被毛的基底颜色为白色，耳部和背部直到尾尖处的颜色为豆沙色，胁腹、毛领圈和身体下方是灰白色的。

趣味小知识

豆沙色波斯猫的毛色被很多猫迷认为是所有波斯猫被毛颜色中最有魅力的。

金吉拉猫

金吉拉波斯猫头部圆而厚实。眼睛大、圆且饱满，呈绿色或蓝绿色。鼻子短、扁而且宽。脸圆，耳朵小、耳尖圆并向前倾斜。腿短而粗壮，尾巴短而蓬松。全身的毛量很多，被毛闪亮，胸部和腹部被毛为纯白色。这种猫身体强健，性格温顺，较为听话，善解人意，自尊心很强。

趣味小知识

20世纪60年代开始拍摄的"007"系列电影，使金吉拉波斯猫名声大噪。

红白猫
hóng bái māo

红白波斯猫是人工培育的品种，叫声动听。它的头顶较平，耳朵小，耳内多饰毛。脸上兼有红色和白色的毛，还有红铜色的大眼睛。被毛长而飘逸，红白毛区界限分明，尾毛浓密。四条腿粗壮，脚掌大而圆。纯种红白色波斯猫的红毛区的毛色应是鲜艳的深红色，白毛区是纯白色，而不是米色。

趣味小知识

红白波斯猫高贵华丽，经常让主人觉得自己不是在养猫，而是在服侍一名"贵族"。

29

黑白猫

黑白波斯猫的脑袋宽圆，耳朵非常小，耳内的饰毛较多，耳端浑圆，眼睛为深橘色或古铜色。它的脸上有白色的斑纹，鼻梁较为扁平，胸部和腹部的白色区域较大。幼猫被毛有铁锈色，脖子周围有白色的毛圈。黑白猫喜欢安全而宁静的环境，同时也很热情，善解人意，爱撒娇，比较适合在公寓生活。

趣味小知识

和别的双色猫一样，斑纹图案对称的黑白波斯猫才是佳品。

31

玳瑁色猫

玳瑁色波斯猫的脑袋宽圆，头顶较平，大眼睛圆圆的。颈部的毛发浓密，向两前腿间延伸。腿短而粗壮，脚掌较大。被毛长而丰厚。这种猫身上的被毛颜色是混杂的，没有可以明显区分的界限，由黑色夹杂着浅红或深红色，总体看起来没有规律。玳瑁色波斯猫甜美、温和，不仅聪慧，而且反应敏捷。

趣味小知识

很多玳瑁色波斯猫的脸部有显眼的黑黄或黑红的毛，好像画了个大花脸。

红色虎斑猫

最初红色虎斑波斯猫被叫作"橘色虎斑波斯猫"，在北美地区比较受欢迎。它宽阔的脸颊使得头部显得非常圆润，额头上有清晰的"M"形虎斑斑纹。眼睛呈杏仁状，大而明亮。耳朵小，耳内的饰毛较多。背部为纯红色，有三条较深的条纹。身体下方颜色较浅，尾巴上有环形斑纹。它的被毛厚长、柔滑。

趣味小知识

红色虎斑波斯猫在19世纪曾经参加过猫展，在第二次世界大战后数量大幅度减少。

淡紫色虎斑猫

淡紫色虎斑波斯猫脸颊丰满，前额的"W"形虎斑比较清晰，耳尖呈圆形，耳内饰毛丛生。胸部有淡紫色的毛圈，身体下方有淡紫色斑纹，四条腿粗壮。这种猫底色为带虎斑的米色，纹路颜色是比底色更深的淡紫色，和底色对比鲜明。身体两边斑纹和顺着背部而下的条纹都比较明显。

趣味小知识

　　拥有虎斑斑纹的长毛猫很久以前便存在了，但培育出斑纹清晰可见的波斯长毛猫很不容易。

挪威森林猫

挪威森林猫体格强壮，脑袋有"M"形的虎斑纹，耳朵大而尖，大眼睛呈杏仁状。脖子上有白色的"围兜"，尾毛蓬松。被毛厚且密，能适应寒冷而恶劣的生存环境。它奔跑速度很快，行走时颈毛和尾毛飘逸。挪威森林猫性格内向而温顺，独立性较强，机灵警觉，喜欢冒险活动。

蓝白猫

蓝白色挪威森林猫的头形略呈三角形。耳朵大而尖，耳根部较宽，耳朵内的饰毛多，眼睛呈金绿色。脖子短，肌肉较发达，足掌结实，又大又圆，尾巴长。被毛浓密，属可防水的半长型。脸部和身体下方有白色毛区，占身体面积的1/3，其余为均匀的蓝灰色，以白毛区和蓝毛区轮廓明显者为佳。

趣味小知识

蓝白色挪威森林猫比较聪明，是经常被用于宠物疗法的"猫医生"。

40

银棕色猫

银棕色挪威森林猫的体格健壮，有着发达的肌肉。眼睛又大又圆，非常明亮，多为绿色，耳朵内饰毛丛生，毛领圈一般为银灰色。胸部宽阔，被毛较长，像波浪一样。四条腿长且直，有着发达的肌肉，健壮结实。这种猫性格温顺，聪明，机灵而敏捷。它们容易相处，讨人欢心，喜欢安静地待着，偶尔比较贪玩。

趣味小知识

银棕色挪威森林猫的底毛比较薄，它可以通过吸收阳光来保暖。

hēi bái māo
黑白猫

黑白色挪威森林猫体格健壮，面部有对称斑纹。大眼睛呈金绿色，外眼角有上扬的黑色眼线。四条腿粗壮，头部、脸部、背部和尾部都呈黑色，身体下方为白色。被毛长而浓密，且如丝般柔软。黑白色挪威森林猫的奔跑速度非常快，奔跑中长长的被毛会随风飘动，非常漂亮。

趣味小知识

黑白色挪威森林猫拥有双层被毛，外层是像鹅毛一样的油面被毛，可以防水。

红白猫

红白色挪威森林猫的眼睛呈杏仁状，并且稍倾斜，内眼角比外眼角低，鼻子中等长度，四条腿粗壮。它的红色毛区毛色比较鲜亮，白色毛区是纯白色，而不是米黄色或米色。红白色挪威森林猫很聪明，并且喜欢冒险和活动，对它稍加训练以后，它就可以做出就地打滚、作揖等动作。

趣味小知识

红白色挪威森林猫相比其他颜色的猫，培育起来要困难些。

棕色虎斑猫

棕色虎斑挪威森林猫的脑袋上有"M"形斑纹，双眼微微上扬。背部和四肢上有清晰的虎斑纹，充满了野性的气息。身体的基色为棕色，黑色虎斑浓重而清晰。这种猫拥有双层被毛，底毛保暖功能极好，但在夏季会大面积脱落，只剩下臀部周围和前腿下方的部分，从后面看过去，猫好像穿了条裤子。

趣味小知识

棕色虎斑猫不喜欢在强光照射的地方进食。它进食的生物钟形成后，不能随意变更。

西伯利亚猫

西伯利亚猫是西伯利亚乡村很常见的猫，体形大，头顶扁平，脑袋宽而圆，有"M"形斑纹，大眼睛几近圆形。尾毛浓密丰厚，全身上下都覆盖着长长的毛。它喜爱游泳，擅长攀爬，同时也是出色的"跳高运动员"。它平易近人，生性机警，有时比较活跃。

金色虎斑猫

金色虎斑西伯利亚猫身体紧实，肌肉发达，头顶浑圆，头部有"M"形斑纹。眼睛一般为绿色或黄色，大而近似圆形，微微倾斜，幼猫的眼睛更圆。耳根部宽，耳内饰毛较多。吻部浑圆，胸部浑圆，背部长且稍微隆起，尾巴被毛浓密丰厚。金色虎斑西伯利亚猫感情丰富，对人类友好，比较贪玩。

趣味小知识

长期生活在西伯利亚的猫曾和当地的野猫交配，它们的后代被毛上容易出现虎斑。

52

黑色猫

黑色西伯利亚猫体形大，生命力较强。宽而圆的脑袋上有着圆圆的大眼睛，下巴浑圆，爪子大，趾间生有毛。全身上下都覆盖着长长的毛，被毛呈黑色，底层的被毛丰厚且防水，可适应严寒的自然环境。黑色西伯利亚猫性格机灵而活跃，比较贪玩，叫声柔和，对主人很依恋，能和孩子愉快相处。

趣味小知识

西伯利亚猫成熟较早，为了提高幼崽的生存率，它们很多都是"一夫一妻制"。

索马里猫

索马里猫身材比例均匀，肌肉结实，线条优美。眼睛是琥珀色、浅褐色或绿色的，耳朵较大且呈宽"V"形。背部与腿部被毛较长，尾毛浓密。索马里猫生命力顽强，喜欢自由活动，叫声响亮，不适合养在公寓里。它性情温和，比较贪玩，情感丰富，特别需要主人的关注。

深红色索马里猫是索马里猫的代表品种，分布最为广泛。它的头部和身体相比显得较小，耳朵较大且呈宽"V"形，下巴强壮结实，背部与腿部被毛较长，尾毛十分浓密。这种猫的底毛颜色是非常鲜艳的深棕红色，并带有金色；单根毛上有条纹，毛尖色是朱古力色，背部和尾巴上的毛斑纹颜色最深。

趣味小知识

深红色索马里猫最早在英国参展，以有毛领圈、腿部有"马裤"形长毛的为佳。

58

棕红色猫

棕红色索马里猫的耳朵竖立，耳朵内多饰毛。四条腿比较长，趾间长有丛集毛，尾毛浓密。它的被毛颜色为带有金色的棕红色，毛尖色是朱古力色。背部和尾巴上的毛斑纹色最深。整体外观上和深红色索马里猫接近，但毛色要浅得多。它动作敏捷，叫声响亮，绷紧的肌肉和严肃的脸看起来野性十足。

趣味小知识

棕红色索马里猫的毛有3~20条条纹，看起来像一只颜色和谐的纯色猫。

栗色猫

栗色索马里猫体形优美。耳朵竖立，两耳间距宽，眼神机警。腿细长，足掌结实。尾毛较长，像羽毛。被毛浓密，有两层，每根毛上有3～4条条纹。底层被毛是较深的杏黄色。耳尖和尾尖的毛色相似，为暖色调的紫铜色，单根毛上带有朱古力色斑纹。它活泼好动，对周围环境充满好奇。

趣味小知识

栗色索马里猫洗澡前应先让它散散步，等它将尿和粪便排出，然后再洗澡。

duǎn máo māo

短 毛 猫

短毛猫是家养宠物猫的常见品种，大多数的短毛猫性情都很温和。由于被毛短，能清楚地看到毛皮下的肌肉。短毛猫在外观和毛皮质地上各有不同的地方，可能短而光亮，紧贴身体，也可能各处的体毛长短不一。常见的短毛猫有新加坡猫、苏格兰折耳猫、俄罗斯蓝猫等。

俄罗斯蓝猫

俄罗斯蓝猫体形细长，步态轻盈，天生一副笑容可掬的面容，颇受人们的喜爱。俄罗斯蓝猫尖耳朵大而直立，眼睛呈杏仁形，翡翠绿色，四条腿修长，尾巴呈锥形，被毛两层，浓密而直立。俄罗斯蓝猫性格安静，叫声轻柔甜美，感情丰富，对主人非常信任，喜欢取悦主人。

趣味小知识

俄罗斯蓝猫的鼻子和掌垫是蓝色的，眼睛呈翠绿色，在一些地方被称为"冬天的精灵"。

màn chì kěn māo
曼赤肯猫

曼赤肯猫是自然演变出来的侏儒品种猫，虽然四肢短小，但很灵活，擅长攀爬、跳跃和快速奔跑。它体形中等稍胖，大三角形的耳朵竖立在头顶。肩部宽阔，胸部圆壮，尾巴呈锥形。毛色润泽，触感光滑，体毛颜色有黑、白、单色、双色等，丰富多样。曼赤肯猫性格温和，外向而且聪明，对外界环境充满好奇心。

趣味小知识

曼赤肯猫四条腿肥短，站着也像蹲着一样，走起路来就像在匍匐前进，憨态可掬。

拉波猫

拉波猫的头顶较平，双耳间距宽，四条腿较短，脚掌结实，被毛浓密、卷曲。拉波猫不仅外表美丽独特，而且感情丰富，机灵顽皮，活泼又聪明。拉波猫还是一种好奇心很强的猫，能保持幼年时的天真和淘气，喜欢向主人撒娇，是公认的比较适合家庭饲养的品种。

趣味小知识

拉波猫也叫"电烫卷猫"，名字很古怪，同时这种猫的表情也很丰富。

欧洲短毛猫

欧洲短毛猫身体强壮，胸部宽大，脑袋圆圆的。被毛短而浓密，非常有光泽，颜色和斑纹多变。耳朵小且呈尖圆形，大眼睛，眼睛的颜色因毛色不同而有差异。尾巴稍短粗，四条腿短，强健有力。欧洲短毛猫生命力强，精力充沛，聪明机灵，比较贪玩，对主人亲切。它感情丰富，是令人愉快的好伴侣。

趣味小知识

欧洲短毛猫的外表和英国短毛猫相似，身体和脸稍长，捕猎本领强，是捉鼠能手。

阿比西尼亚猫

阿比西尼亚猫体形苗条，肌肉发达。耳朵大而直立，大眼睛呈杏仁形。背部毛色较深，四条腿细长。尾巴长而尖，呈锥形。全身被毛浓密而柔软，活动时被毛颜色呈现出微妙的变化，像丝绸一样华丽、闪亮。阿比西尼亚猫体态轻盈，善于爬树，性情温和，活泼开朗，叫声悦耳，特别通人性，是非常理想的宠物伴侣。

趣味小知识

阿比西尼亚猫步态优美，被誉为"芭蕾舞猫"，英国人称它们为兔猫或球猫。

柯尼斯卷毛猫

柯尼斯卷毛猫脑袋细小，呈楔形，头顶较平。大眼睛呈杏仁形，可见金黄色、蓝色、古铜色等颜色。耳朵特别大，耳根宽。四肢长且直，肌腱发达，善于跳跃。尾巴长而细。被毛很短，呈波浪状，便于梳理，且不易掉毛。柯尼斯卷毛猫机灵而活泼，喜爱运动，对游戏始终充满兴趣，经常会自娱自乐。它喜欢温暖的环境。

趣味小知识

柯尼斯卷毛猫最明显的特征是它那好像搓衣板般卷曲的皮毛，而且毛色多样。

76

德文卷毛猫

德文卷毛猫的诞生来自基因突变。它身体线条优美，脑袋呈楔形，大耳朵尖尖的，被毛卷曲。德文卷毛猫智商较高，性格顽皮，机灵而活泼，充满好奇心，喜欢亲近人，很会讨人欢心。它高兴时会像狗一样摇尾巴，由于这种习惯，再加上被毛弯曲，所以它获得了"卷毛狗"的别名。

趣味小知识

从外形和性格来看，德文卷毛猫给人一种小精灵的感觉，所以又被称为"小精灵猫"。

彼得秃猫

彼得秃猫中等大小，体形长而优雅，脑袋呈楔形，前额扁平，颧骨较高。耳朵较大，耳尖为圆弧形。眼睛大大的，呈圆形，略微倾斜，多为金黄色。长长的尾巴呈锥形。被毛稀疏细小，紧贴皮肤。彼得秃猫喜欢和主人亲近，性格温和，喜欢黏人，对主人忠诚，很适合喜欢猫却对猫毛过敏的人。

趣味小知识

彼得秃猫的皮肤柔软、温暖而有弹性，一般带有皱纹，脑袋上的皱纹特别多。

苏格兰折耳猫

苏格兰折耳猫是一种耳朵基因突变的猫种。它身体矮胖，脖子不长，但肌肉结实，眼睛大而圆，颜色与被毛颜色相符，小耳朵折向前下方。四条腿粗壮，被毛短而密实。苏格兰折耳猫性格比较温和，感情丰富，比较聪明。它们有爱心，对其他的猫和狗也很友好，喜欢主人陪伴。

趣味小知识

由于有生出畸形猫的情况发生，所以苏格兰折耳猫有一段时期在英国被禁止繁殖。

沙特尔猫

沙特尔猫体形较大，强壮有力，姿态优雅，表情甜美。它的头部稍大、呈圆形，鼻子挺直，眼睛又大又圆，颜色为橙色至金色，吻部呈三角形。四条腿稍短，但肌肉发达。尾巴根部粗，尾尖略圆。皮毛浓密，非常漂亮。沙特尔猫性格温柔，聪明，独立性强，感情丰富，容易相处，喜欢安静，和人亲近，对主人忠诚。

趣味小知识

沙特尔猫是世界级的珍贵品种，和俄罗斯蓝猫、英国蓝猫合称"世界三大蓝猫"。

克拉特猫

克拉特猫原产于泰国西北部的克拉特高原，是最早有记载的猫种之一。克拉特猫有非常敏锐的听力、视力和嗅觉，肌肉发达。脑袋为鸡心形，眼睛为绿色，耳朵大，耳尖呈圆弧形。脖子长，尾巴呈锥形。克拉特猫比较文静、温和，感情丰富，喜欢和主人亲近，依恋主人，对陌生人不信任。

趣味小知识

克拉特猫智商很高，且勇敢好斗，尤其是公猫，素有"街巷斗士"之称。

新加坡猫

新加坡猫是目前公认的所有猫品种中体形最小的猫种。它外观优雅，耳朵大而警觉，耳内有浅色饰毛。眼睛呈杏仁状，周围有黑框，好像画了眼线一样，颜色有灰绿色、淡褐色、金色、古铜色等。新加坡猫开朗外向，好奇心强，感情丰富，对主人十分忠诚。它特别温顺，没有攻击性，比较贪玩。

趣味小知识

新加坡猫原是游荡在街头巷尾，藏身在下水道里的猫，所以也叫"下水道猫"。

孟买猫
mèng mǎi māo

孟买猫身体结实强壮，脑袋浑圆。眼睛大而圆，呈古铜色。鼻梁呈黑色。两耳直立。四条腿粗壮，被毛短，紧贴身体。孟买猫个性温驯柔和，感情丰富，很喜欢和人类亲近，和小孩容易相处，还能和狗或其他宠物融洽相处。比较贪玩，反应灵敏，容易被训练，喜爱玩抛接游戏。

趣味小知识

由于孟买猫肌肉发达，外貌酷似印度豹，所以以印度的城市孟买来命名。

měi guó juǎn ěr māo
美国卷耳猫

美国卷耳猫起源于美国加利福尼亚州，1983年人们开始对其进行品种选育。它的卷耳是因遗传基因突变而成的。这种猫有着胡桃形的大眼睛，向头顶弯曲的耳朵和蓬松的尾毛。美国卷耳猫聪明伶俐，温和可爱，性格平和，喜欢黏着主人，也能和其他宠物友好相处，适合家庭饲养。

趣味小知识

美国卷耳猫的好奇心特别强，所以有"城市探险家"的称号。

异国短毛猫

异国短毛猫有着可爱的表情和圆滚滚的身体，体形为中到大形，短脚。脑袋宽而圆，眼睛明亮，又大又圆，形状饱满。鼻子有明显的凹陷，下巴宽厚。皮毛有柔和的光泽。异国短毛猫性格文静，亲切而可爱，喜欢和人亲近。它性情独立，对主人忠诚，活泼而顽皮，拥有强烈的好奇心，是个可爱的天使。

趣味小知识

异国短毛猫性格温顺，易受到其他宠物的攻击，不宜和攻击性强的宠物一起喂养。

měi guó duǎn máo māo
美国短毛猫

美国短毛猫身强体壮，脑袋呈方形，脖子粗壮，胸部浑圆，四条腿发达。被毛很短，柔软而厚实。它性格温和，讨人喜欢，不会因为环境或心情的改变而改变。这种猫有耐性，乐于和其他动物相处，忠于主人，不乱发脾气。它有时很淘气，有时又很规矩。独处的时候，它会想出各种玩法，自娱自乐。

趣味小知识

美国短毛猫特别聪明，精力旺盛，捕鼠技巧很高，在日本、美国等地比较受欢迎。

加拿大无毛猫

加拿大无毛猫并不是完全没有毛发，而是有一些短短的绒毛。脑袋呈楔形，眼睛大而突出，耳郭大，肌肉发达。背部较驼，皮肤的皱褶较多，外形很像小狗。加拿大无毛猫性情温顺，有较强的独立性，没有攻击性，能和其他猫、狗友好地相处。它的忍耐力很强，脾气好，容易和人亲近，对主人忠诚。

趣味小知识

这种猫在2005年被认定为稀有品种，2010年在英国颇受欢迎，售价很高。

奥西猫 (ào xī māo)

奥西猫充满野性，除了脖子附近和尾巴，全身都布满了充满光泽的漂亮斑纹。奥西猫体形大，有野生猫的精悍，也有家猫的沉稳。奥西猫好奇心较强，似乎对所有东西都感兴趣。它友善而机警，对于到访的客人不会有敌意。奥西猫活泼好动，喜欢和孩子一起玩耍。

趣味小知识

奥西猫在1964年的展会上就出现了，经过10年的血统管理以后才最终获得公认。

āi jí māo
埃及猫

埃及猫体形中等，肌肉发达。脑袋上有"M"形斑纹，耳朵大而尖，眼睛呈栗绿色，皮毛上有像豹子一样的斑纹。埃及猫机敏灵活，喜欢亲近主人。野生的埃及猫会凶猛地攻击入侵它地盘的猫，也会躲避陌生人。它的叫声多样，受刺激时会发出"喁啾""咯咯"等独特的声音。

趣味小知识

埃及猫在美国注册参展后大受欢迎。2006年，国际爱猫联合会共登记6 741只埃及猫。

雪鞋猫

雪鞋猫身体强壮，肌肉发达。脑袋呈三角形，蓝色的眼睛呈胡桃形。嘴巴和胸腹都是白色的，好像戴了口罩和围着围裙一样。它的四只脚也是白色的，好像穿了雪鞋一般。雪鞋猫性格温柔而友好，活泼而聪明，个性很强，是优秀的猎手。它感情丰富，反应灵敏，比较贪玩。

趣味小知识

雪鞋猫刚出生的时候全身洁白，要等两年后才出现斑纹。雪鞋猫只有一个鼻孔可以呼吸。

孟加拉猫

孟加拉猫具有金色的底色和黑色的斑纹，骨架结实，身体强壮，整体看起来比其他种类的家猫更狂野。孟加拉猫自信而活泼，但不会主动攻击其他宠物，对人友善，不易发怒，你可以让它在你视力可及的范围内和幼童一起玩耍。它性格机警，对事物有着强烈的好奇心。

趣味小知识

一位名叫琼·米尔的动物专家用野生的亚洲豹猫和家猫杂交，培育出了孟加拉猫。

暹罗猫

暹罗猫最早被饲养在泰国皇室和大寺院中,不为外人所知,1884年时它被带到英国。它身材匀称,身体修长,四肢、躯干、脖子和尾巴都细长。暹罗猫生性活泼好动,聪明伶俐,机智灵活,好奇心较强,还善解人意,对主人感情深厚。如果它被强制和主人分开,可能会闷闷不乐,甚至生病。

趣味小知识

暹罗猫被带到英国后,第二年出现在伦敦郊外的水晶宫猫展会上,引起了轰动。

英国短毛猫

英国短毛猫历史悠久，是19世纪晚期在猫展中出现的最早一批纯种猫之一。它体形圆胖，脸呈圆形，眼睛大而圆。脖子粗短，四条腿粗短发达，被毛短而浓密。英国短毛猫性格温柔，对人友善，不会乱发脾气，充满好奇心，喜欢和主人一起玩耍，很容易饲养。

巧克力色猫

巧克力色英国短毛猫脸部呈圆形，非常饱满，耳尖呈圆形，鼻子较短，下巴与鼻子和上唇成一条直线。脖子粗短，四条腿粗，强壮有力。身躯被毛的颜色为朱古力色，没有杂毛，浓密而富有弹性。巧克力色英国短毛猫心理素质良好，能适应各种生活环境，性格安静、温柔，易满足，感情丰富，喜欢亲近主人。

趣味小知识

巧克力色的英国短毛猫虽然不常见，但因为颜色迷人，所以很受人们喜爱。

淡紫色猫

淡紫色英国短毛猫体形矮胖，脸部呈圆形。眼睛大而圆，呈深金色、橙色、古铜色等。鼻子略带粉红色，两耳间距宽。四肢强壮结实，脚爪为圆形，被毛短而密。目前淡紫色英国短毛猫的数量还很少。英国短毛猫需要经常洗澡，因为它的被毛密实，灰尘和细菌容易藏在里面。

趣味小知识

淡紫色英国短毛猫还处于培育阶段，是用英国短毛猫和淡紫色长毛猫杂交产生的品种。

hēi máo jiān sè māo
黑毛尖色猫

黑毛尖色英国短毛猫的脑袋浑圆，脸部圆胖。鼻子短，呈砖红色。绿色的眼睛大而圆。脚爪圆而结实，脚掌没有毛尖色。身体下方，从下巴到尾部为纯白色。身体上半部分的黑色毛尖色明显，并沿肋腹而下，延伸至腿和尾巴上。毛尖色的颜色分布均匀。这种猫胆子大，好奇心强，适应能力也强。

趣味小知识

这种猫最初被称为金吉拉短毛猫，1918年以后才被称为黑毛尖色英国短毛猫。

红毛尖色猫

红毛尖色英国短毛猫的脑袋大且圆。鼻子短而宽，微微凹陷。下巴宽而厚实。眼睛呈深金色、橙色、铜色等。脖子粗短，胸部宽厚，肌肉结实，四条腿粗短。毛尖色为红色，底层被毛为白色。红毛尖色猫的颜色有深有浅，底层被毛和毛尖色的颜色深浅对比越明显，越受欢迎。

趣味小知识

红毛尖色猫很受女性欢迎。任何单色和玳瑁色英国短毛猫，都能培育出有毛尖色的猫。

118

银色斑点猫

银色斑点英国短毛猫的前额有"M"形虎斑，眼睛大而圆，鼻子较宽，两耳间距宽。脖子粗短，四条腿粗壮结实，被毛短而浓密。银色斑点英国短毛猫的底色为银色，斑点清晰，大小不一。银色斑点英国短毛猫的颜色是斑点猫中最受欢迎的颜色之一。它们身上的斑点和底色对比鲜明。

趣味小知识

银色斑点猫在1965年英国的切尔滕纳姆展会上获得了"最佳短毛猫"称号。

肉桂色猫

肉桂色英国短毛猫有着和其他英国短毛猫一样的圆胖体形。脸部呈圆形，大眼睛圆圆的，两眼间距宽。耳朵基部宽，呈三角形。吻部突出，在大而圆的胡须垫外围有一条明显的分界，配上小巧的嘴巴，显得很可爱。脖子短，四条腿强壮。被毛颜色为单一的肉桂棕色，没有明显的白色毛发。

趣味小知识

这种颜色的英国短毛猫并不常见。其颜色非常迷人，所以很受猫迷们的欢迎。

东方短毛猫

东方短毛猫体形修长，优雅。脑袋呈楔形，耳朵大而尖，鼻子挺直，大眼睛呈杏仁形，脖子细长。东方短毛猫活泼好动，好奇心较强，勇敢。喜欢攀高跳远，喜欢和人一起嬉戏玩耍，喜欢撒娇。但如果主人冷落它，它可能会发脾气。

外来蓝色猫

外来蓝色东方短毛猫体形修长，脑袋呈楔形。耳朵大，根部较宽。眼睛为绿色，眼梢倾斜。腹部狭窄，小脚掌呈椭圆形。被毛短，富有光泽。毛色为纯蓝色，没有任何白色杂毛。近年来，美国对东方短毛猫进行了频繁的杂交培育，如今其毛色已经超越了单色界限。这种猫性格活泼，比较勇敢。

趣味小知识

外来蓝色东方短毛猫喜欢亲近主人，不宜将它长时间地单独留在家中。

棕白色猫

棕白色东方短毛猫的脑袋呈楔形。耳朵大，根部宽。眼睛呈杏仁形，祖母绿色。鼻子挺直，吻部小而精致。尾巴细长，四条腿修长。被毛细腻，被毛的棕色与白色分布均匀，轮廓清晰，白色毛区多在脖子、胸腹部和四肢处。棕白色东方短毛猫喜欢和人玩耍，爱撒娇，对主人很忠心。

趣味小知识

这种猫如果头部圆、宽，耳朵小，身体短而粗，被毛粗糙，就不是良好的品种。

128

129

棕色虎斑猫

棕色虎斑东方短毛猫的头部侧面线条呈直线，前额有"M"形虎斑斑纹。耳朵大而尖，耳内饰毛浓密。绿色的眼睛呈杏仁形。嘴唇和下巴的毛色较浅，脖子有完整的环纹。胸部肌肉结实，四条腿修长结实。尾巴细长，尾尖为带黑色的深褐色。被毛光滑，身体底色为乳黄色，虎斑纹为深棕色。

趣味小知识

棕色虎斑东方短毛猫的适应能力很强，哪怕是陌生的环境也可以很快适应。

巧克力色东方短毛猫体形苗条，头形长，吻部细小。身体侧面轮廓呈直线，胸部肌肉发达，四条腿细长，肌肉结实，尾巴细长柔软，走起路来姿态雍容高贵。全身被毛油亮光滑、毛色均匀，被毛颜色为深巧克力色，没有杂毛，幼猫毛色较浅，容易保养。

趣味小知识

如果巧克力色东方短毛猫从小就得到主人的陪伴，它就会变得越来越黏人。

缅甸猫

缅甸猫的眼睛为金黄色或橘色，耳朵较大，尾巴呈锥形，被毛短而浓密，像纤维一样光滑。缅甸猫活泼好动，聪明勇敢。叫声轻柔甜美，爱撒娇。对陌生人态度很友好，也能和家里的其他小动物友好相处。很多缅甸猫都会用自己那细微、柔和的声音向主人提出一些要求，让人很难拒绝。

巧克力色猫

巧克力色缅甸猫骨骼健壮、肌肉发达。面部、耳朵、四肢和尾巴上的毛色较深。耳尖略呈圆形，大眼睛，鼻梁有明显凹陷，脖子肌肉粗壮。它的被毛呈牛奶巧克力色，胸腹部毛色较浅，身上没有任何斑纹。巧克力色缅甸猫很爱叫，它们的叫声柔和，喜欢和人一起生活，跟主人感情深厚。

趣味小知识

巧克力色缅甸猫也被称为"香槟色缅甸猫"。

蓝色猫

蓝色缅甸猫的眼睛呈金橘色，眼角稍向上倾斜。脸颊丰满，耳朵微前倾。足掌呈茶色，胸部浑圆，尾巴呈锥形。被毛短而密，毛色为柔和的暗银灰色，脚、脸和耳朵上有比较明显的银色光泽。蓝色缅甸猫比较贪玩，但不吵闹。它们喜欢得到主人的关注，如果被主人忽视，有可能会发脾气。

趣味小知识

人们于1955年首次在一窝缅甸猫中发现了一只蓝色的小猫，取名"海豹皮蓝色怪猫"。

互动小课堂

　　小朋友们，认真看一看下面这些猫咪的图片，说出它们的品种名称吧。

（　　　　　）　　（　　　　　）　　（　　　　　）

（　　　　　）　　（　　　　　）　　（　　　　　）